Dieses Buch gehört

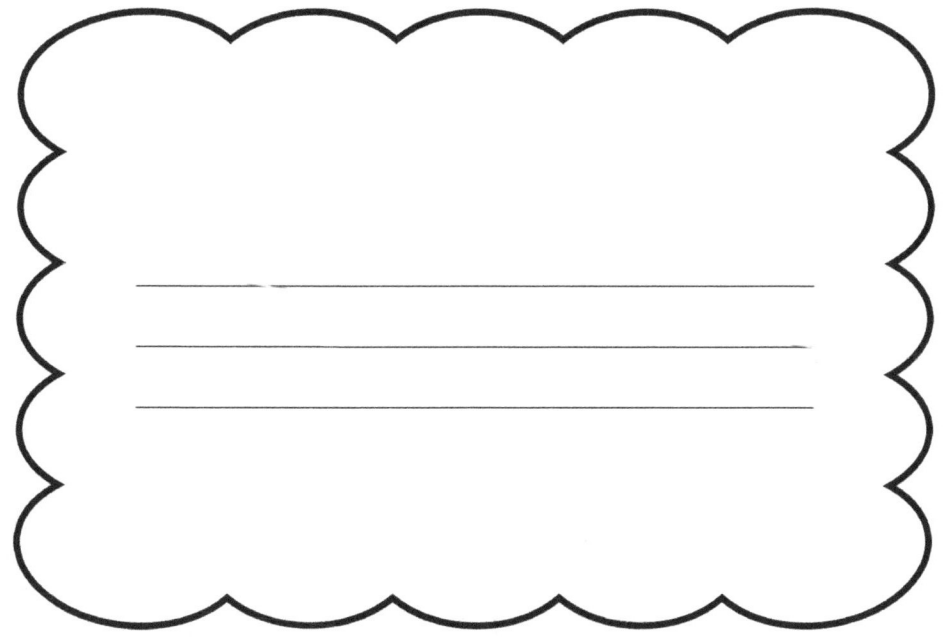

Hol dir eine gratis Kopie von deinem „Mandala Malbuch" als PDF, damit du die Bilder immer wieder ausmalen kannst. Suche auf Facebook die „Akarito Mandala" Gruppe oder scanne den untenstehenden QR Code.
Ich hoffe wir sehen uns dort.

IMPRESSUM:
CHRISTIAN STRUB
LINDENWEG 3
8450 ANDELFINGEN
SCHWEIZ
CHRIS.STRUB@GMX.CH